Markt und Preis

Arbeitsmaterialien für den handlungsorientierten Betriebslehreunterricht

von

Horst W. Stierand

Inhaltsverzeichnis

3., aktualisierte Auflage, 2008
© Bildungshaus Schulbuchverlage
Westermann Schroedel Diesterweg
Schöningh Winklers GmbH
Postfach 33 20, 38023 Braunschweig
Telefon: 01805 996696 Fax: 0531 708-664
service@winklers.de
www.winklers.de
Druck: westermann druck GmbH, Braunschweig
ISBN 978-3-8045-**3654**-8

Auf verschiedenen Seiten dieses Buches befinden sich Verweise (Links) auf Internetadressen.

Haftungshinweis: Trotz sorgfältiger inhaltlicher Kontrolle wird die Haftung für die Inhalte der externen Seiten ausgeschlossen. Für den Inhalt dieser externen Seiten sind ausschließlich deren Betreiber verantwortlich. Sollten Sie bei dem angegebenen Inhalt des Anbieters dieser Seite auf kostenpflichtige, illegale oder anstößige Inhalte treffen, so bedauern wir dies ausdrücklich und bitten Sie, uns umgehend per E-Mail davon in Kenntnis zu setzen, damit beim Nachdruck der entsprechende Verweis gelöscht wird.

1.1   Was versteht man unter einem „Markt"?

Ausgangssituation

„Markt" ist das Bestimmungswort im zusammengesetzten Begriff „Marktwirtschaft". Dementsprechend sind Märkte aller Art „Wesensbestandteile der Marktwirtschaft". Sie sind „das Herz", manche sagen auch „das Nervenzentrum" der Wirtschaft. „Markt ist einer der wichtigsten Begriffe der Wirtschaftslehre und zugleich einer der schwierigsten."

Sachdarstellung

1. Begriffsbestimmung

Entsprechend der **fundamentalen Bedeutung des Begriffs „Markt"** für unser Wirtschaftsordnungssystem (soziale **Markt**wirtschaft) müssen wir uns über seinen **Inhalt,** seine **Formen** und **Strukturen** Klarheit verschaffen.

„Markt" im alltäglichen Sprachgebrauch	**In der Umgangssprache** versteht man unter **„Markt"** einen bestimmten **geografischen Ort** (z. B. Marktplatz einer Stadt), an dem Anbieter und Nachfrager persönlich erscheinen und an dem sich auch die **Ware** befindet. Beispiele: Wochen-, Jahr-, Fisch-, Flohmärkte. **„Markt" in diesem engeren Sinne** ist also ein **konkreter Begriff.**
„Markt" in der Betriebs- und Volkswirtschaftslehre	**In den Wirtschaftswissenschaften** versteht man unter **„Markt"** das **Zusammentreffen von Angebot und Nachfrage,** und zwar unabhängig davon, ob sich die **Marktteilnehmer** an einem **bestimmten Ort persönlich begegnen** und ob die **Ware ortsanwesend** ist. Markt in diesem Sinne ist nicht eine **räumliche,** sondern eine **gedachte Einheit.** Es liegt hier ein **abstrakter Marktbegriff** vor; es handelt sich um **„Markt" im weiteren Sinne.**

2. Marktarten

Die **Zahl der Märkte** ist **größer** als die **Zahl der Produkte,** da selbst innerhalb eines eng abgegrenzten Marktes für ein bestimmtes Produkt (z. B. Fahrräder) in der Regel noch zahlreiche **regionale** oder **sachliche Differenzierungen** festgestellt werden können. **Wichtige Unterscheidungen der Marktarten** sind folgende: zentralisierte (organisierte oder Punktmärkte) und dezentrale Märkte, offene und geschlossene Märkte, Käufer- und Verkäufermärkte.

- **Zentralisierte oder Punktmärkte:** Angebot und Nachfrage kommen an einem bestimmten Ort (oder einem bestimmten Zeitpunkt) zusammen, z. B. Wochen- und Jahrmärkte.
- **Offene Märkte** sind Märkte mit unbeschränkter Zugangsmöglichkeit, z. B. Märkte für fast alle Industrieprodukte.
- **Käufermärkte:** Die Anbieter müssen, um ihre Ware absetzen zu können, die Käufer umwerben. Der Kunde ist auf einem solchen Markt „König". Er hat eine große Auswahl zwischen verschiedenen Angeboten. Auf Seiten der Anbieter herrscht starke Konkurrenz.

Nach **sachlichen Gesichtspunkten** kann zwischen **Arbeits-, Waren-** oder **Gütermärkten, Kapital-** oder **Finanzmärkten** (z. B. Wertpapier-, Devisenmärkte) und **Faktormärkten** (Märkte für Produktionsfaktoren wie Betriebsmittel oder Werkstoffe) unterschieden werden. Nach **funktionellen Gesichtspunkten** können die Märkte in **Beschaffungs-, Absatz-** und **Finanzmärkte** eingeteilt werden.

Arbeitsaufträge und Fragen zur Stofferschließung

1. **Wie unterscheidet sich** der **betriebs- und volkswirtschaftliche Marktbegriff** von dem im **alltäglichen Sprachgebrauch?**

2. **Erarbeiten Sie** durch **Analogieschlüsse** und unter **Zuhilfenahme eines Wirtschaftslexikons** die **Gegenbegriffe** zu den angeführten **Marktarten.**

1.2 Virtuelle Marktplätze (E-Commerce, E-Business, Online- oder Teleshopping) – die Märkte der Zukunft?

Ausgangs-situation

Die Bedeutung des Internet in Deutschland

Im Rahmen der Studie „Deutschland Online" wurde unter anderem untersucht, welche Bedeutung das Internet für Gesellschaft und Wirtschaft in Deutschland besitzt. Den Ergebnissen zufolge nimmt das Internet inzwischen einen festen Platz im Alltag der Bevölkerung und im Tagesgeschäft der Unternehmen ein.

Das Internet ist inzwischen nicht mehr aus dem Leben vieler Bürger und Unternehmen wegzudenken. Mit voraussichtlich 12,6 Mio. Anschlüssen wird im Jahr 2008 fast ein Drittel der deutschen Haushalte über Breitband-Internetzugang verfügen. Die hohe Bedeutung der Internetkompetenz von Bürgern, Unternehmen und Arbeitnehmern für die Zukunft des Standorts Deutschland ist allen befragten Gruppen bewusst. Ein Großteil der Wirtschaft und der Bürger ist der Meinung, dass Arbeitsplätze in der Informations- und Kommunikationsbranche zukunftsfähiger sind, als die in anderen Branchen.

Viele Arbeitssuchende können aufgrund des Internet die Zeit für die Jobsuche in nennenswertem Maße reduzieren. Auch aus Sicht der Wirtschaft bietet das Internet viele Chancen zur Optimierung der Beschaffung und des Vertriebs ihrer Produkte und Dienstleistungen. Das Internet erleichtert die Schaffung von Telearbeitsplätzen. An diesen sind insbesondere die Bürger interessiert. Online-Shopping beschert den Bürgern einen Zugewinn an Konsumentenfreiheit und Freizeit. Sie schätzen vor allem Preis- und Zeitvorteile sowie die Unabhängigkeit von Ladenöffnungszeiten. Alle befragten Gruppen möchten staatliche Verwaltungsdienstleistungen auch online nutzen können und sind sogar bereit, für die Nutzung ein Entgelt zu entrichten. Für Staat, Länder und Kommunen gilt es daher, diese Potenziale zu erschließen.

Quelle: www.studie-deutschland-online.de vom 23.11.2007

Sachdarstellung

1. Inhalte und Formen des internetbasierten elektronischen Geschäftsverkehrs

In der Fachliteratur werden die Begriffe **E-Commerce** und **E-Business weitgehend synonym** (bedeutungsgleich) verwendet, obwohl der zuerst genannte Terminus sich begriffsinhaltlich auf **elektronischen Handel,** also das Kaufen und Verkaufen über das Internet beschränkt. Der **weiter gefasste Begriff E-Business** umschließt neben dem E-Commerce im Sinne von Ein- und Verkauf noch folgende Einzelprozesse: **E-Payment** (Zahlungsverkehr), **E-Logistic** (Logistik), **E-Learning** (Personalentwicklung) und **E-Recruiting** (Personalsuche).

Je nach der rechtlichen Stellung der am Geschäftsprozess beteiligten Personen oder Personengruppen können vier **Formen des E-Commerce** (E-Business) unterschieden werden:

- **Business-to-Business (B2B):** Elektronischer Geschäftsverkehr zwischen selbstständigen Unternehmen sowie staatlichen Betrieben. Nach den Vorschriften des HGB handelt es sich in diesem Falle um zweiseitige Handelsgeschäfte (§ 343 ff. HGB). Marktforscher sagen für diesen Verkaufsbereich riesige Umsatzsteigerungen in den nächsten Jahren voraus.

- **Business-to-Consumer (B2C):** Elektronischer Geschäftsverkehr zwischen Unternehmen und Konsumenten (Privatleuten). Das HGB bezeichnet solche Geschäftsbeziehungen als einseitige Handelsgeschäfte (§ 345 HGB; im BGB werden sie als „Verbrauchsgüterkäufe" im § 474 ff. geregelt). Aus der Sicht der Unternehmen stehen im Mittelpunkt solcher Geschäfte der Vertriebsbereich und die Endkundenbetreuung. Das Internet stellt sich hierbei als multimediale Vertriebsplattform mit der Möglichkeit der Kopplung komplexer Warenwirtschaftssysteme dar.

- **Business-to-Public-Authorities/-Administration:** Elektronischer Geschäftsverkehr zwischen Unternehmen und öffentlichen Verwaltungen bzw. Institutionen.

- **Intra-Business (IB):** Elektronischer Geschäftsverkehr, der die betriebsinternen Unternehmensabläufe und Kommunikationsbeziehungen umfasst. Sie können beispielsweise durch Intra- oder Extranet unterstützt werden; dazu gehören Anwendungen wie elektronische Post oder elektronische schwarze Bretter, die zu einer Verbesserung des betriebsinternen Informationsflusses führen.

2. Durch E-Commerce bewirkte Veränderungen in den Geschäftsbeziehungen

Die Neuorientierung der Geschäftsprozesse durch E-Commerce wird zu **einschneidenden Veränderungen im Wirtschaftsleben** führen. Zu den wichtigsten **Auswirkungen** der zunehmenden Anwendung der neuen Technologie gehören u. a. folgende **Phänomene:**

- **Steigender Konkurrenzdruck infolge des weltweiten Wettbewerbs.** Unternehmen müssen künftig nicht mehr vor Ort präsent sein, um Kunden zu akquirieren.
- **Verbesserte Vergleichbarkeit** (Transparenz) der Angebote. Ebenso wie die Kunden kann sich auch die Konkurrenz künftig besser über Angebote informieren und schneller auf Marktänderungen reagieren.
- **Steigender Preisdruck,** weil durch E-Commerce Preisvergleiche leichter möglich sind. Das bedeutet nicht, dass damit Unterschiede in der Leistung oder in Bezug auf Qualität Bedeutung verlieren.
- **Verstärkte Kundenabwerbung.** Durch einen Mausklick können Kunden den jeweils günstigsten Anbieter wählen. Weil das so einfach ist, wird die Bindung der Abnehmer an einen Lieferer künftig nicht mehr so stark wie bisher sein.
- **Strukturelle Veränderungen.** Hersteller und Abnehmer treten beim E-Commerce unmittelbar in Geschäftsbeziehung zueinander. Sie benötigen den Handel als physischen Distributor nicht mehr.

3. Die praktische Bedeutung des E-Commerce und Entwicklungstendenzen

- **Das Internet als Motor der wirtschaftlichen Entwicklung**
  Die überwiegende Zahl der Wirtschaftsexperten teilt die Auffassung, „dass die kommerzielle Nutzung der ‚neuen Medien' ein nicht mehr wegzudenkender Bestandteil ökonomischer Wertschöpfung ist. Die Nutzung moderner Informations- und Kommunikationstechnologien wird zum Motor der wirtschaftlichen Entwicklung[1]."

- **Online-Käufe auf dem Vormarsch**
  Der bequeme Einkauf im Internet erfreut sich wachsender Beliebtheit; aber nicht alle Produkte lassen sich online gut an den Kunden bringen. Besonders gefragt sind Kleidung und Schuhe. Im Jahr 2007 wurden damit knapp 4 Mrd. Euro umgesetzt; dies entspricht einer Steigerung gegenüber dem Vorjahr von fast 40 Prozent. Hingegen betrug der Online-Umsatz mit Drogerieartikeln nur 234 Mio. Euro, kaum mehr waren es bei Medikamenten und Lebensmitteln. Zu den beliebten Waren beim Online-Geschäft zählen auch Bücher und CDs. Am häufigsten jedoch luden die Kunden Musikdateien herunter, gefolgt vom Online-Kauf von Flug- und Bahntickets sowie von Konzert- und Theaterkarten.

  Quelle: Globus Infografik Nr. 1727, Hamburg

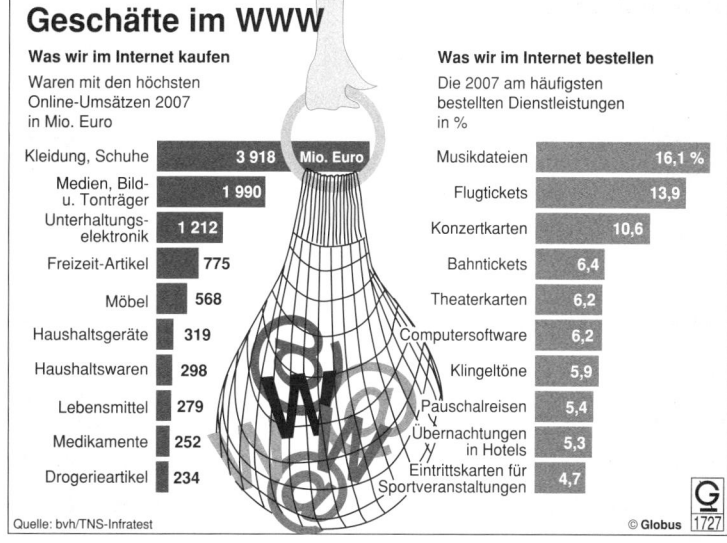

Geschäfte im WWW

Was wir im Internet kaufen
Waren mit den höchsten Online-Umsätzen 2007 in Mio. Euro

	Mio. Euro
Kleidung, Schuhe	3 918
Medien, Bild- u. Tonträger	1 990
Unterhaltungselektronik	1 212
Freizeit-Artikel	775
Möbel	568
Haushaltsgeräte	319
Haushaltswaren	298
Lebensmittel	279
Medikamente	252
Drogerieartikel	234

Was wir im Internet bestellen
Die 2007 am häufigsten bestellten Dienstleistungen in %

	%
Musikdateien	16,1 %
Flugtickets	13,9
Konzertkarten	10,6
Bahntickets	6,4
Theaterkarten	6,2
Computersoftware	6,2
Klingeltöne	5,9
Pauschalreisen	5,4
Übernachtungen in Hotels	5,3
Eintrittskarten für Sportveranstaltungen	4,7

Quelle: bvh/TNS-Infratest

© Globus 1727

Arbeitsaufträge und Fragen zur Stofferschließung

1. **Befassen Sie sich** mit dem als **Ausgangssituation** angeführten Zitat.
   - a) **Inwiefern verändert** nach Auffassung von Experten das **Internet** immer mehr seine **ursprüngliche Funktion** als Beschaffer von Informationen?
   - b) **Warum** ist das Internet eine **Herausforderung für jedes Unternehmen?**

---

1 Frank Elster, E-Commerce in der kaufmännischen Berufsausbildung, in: Wirtschaft und Erziehung 5/2002, S. 164

2. **Lesen Sie** die **Sachdarstellung zum E-Commerce** aufmerksam durch und stellen Sie bei Bedarf **Fragen** an Ihren BWL-Lehrer.

a) **Wie unterscheiden sich** E-Commerce und E-Business begriffsinhaltlich?

b) **Erläutern Sie** kurz folgende drei **Abkürzungen:**

    ba) B2B   bb) B2C   bc) IB.

c) **Welche Veränderungen** bewirkt E-Commerce in den **Geschäftsbeziehungen** zwischen Unternehmen?

d) **Begründen Sie, warum** das Internet als **Motor der wirtschaftlichen Entwicklung** angesehen werden kann.

e) **Deuten Sie** das **Globus-Schaubild** über die Online-Käufer und deren gekaufte Ware bzw. in Anspruch genommenen Dienstleistungen.

1.3 Wie entsteht ein Markt und welche Wirkungen gehen von ihm aus?

Ausgangssituation

Eine Schüleräußerung

Benjamin, Auszubildender bei der GeKa GmbH, Karlsruhe, zu seiner Kollegin Iris:
„**Dass Markt nicht unbedingt etwas mit der persönlichen Anwesenheit der Marktteilnehmer an einem bestimmten Ort zu tun hat, ist mir nun klar geworden. Was mich in diesem Zusammenhang besonders interessiert ist die Frage, wie ein Markt zustande kommt und welche Wirkungen von ihm ausgehen.**"

Sachdarstellung

Wesensmerkmale des Marktes

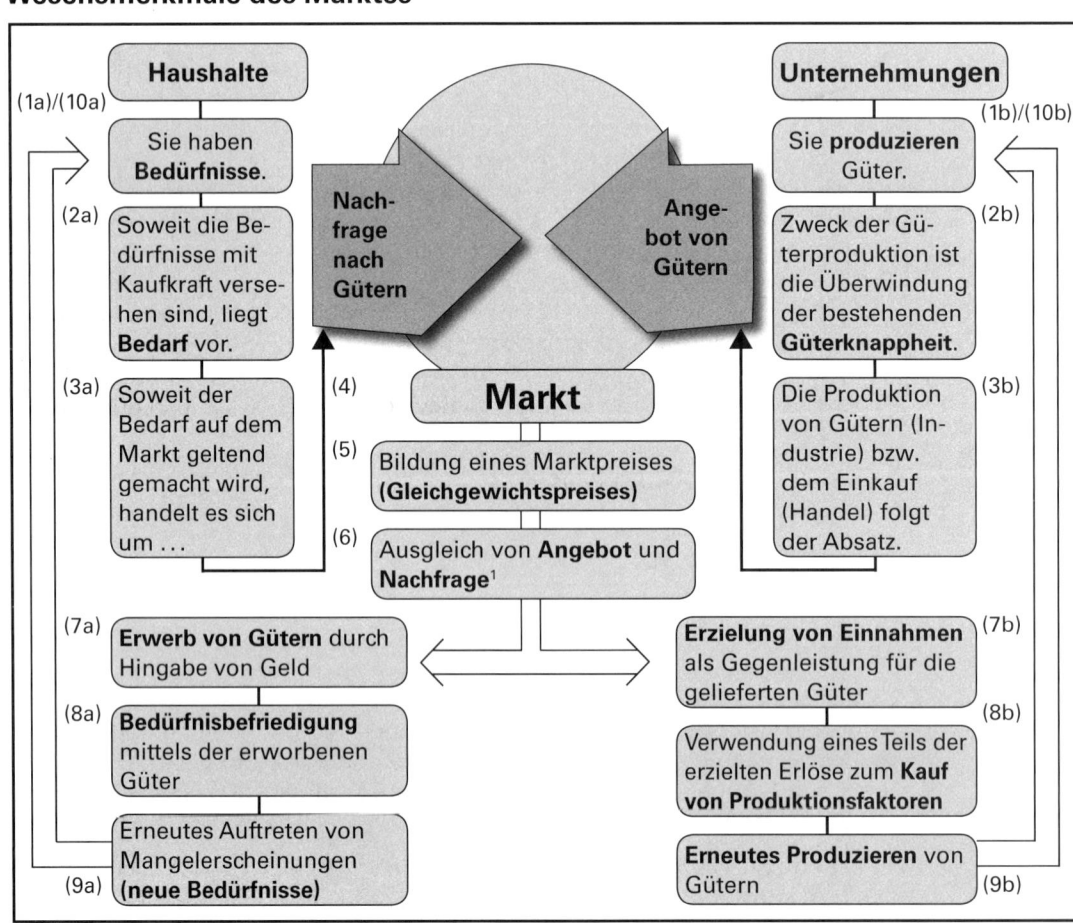

1 Beachten Sie die gegensätzliche Interessenlage der Marktteilnehmer: Die Nachfrager wollen so günstig wie möglich einkaufen (Zielsetzung: Nutzenmaximierung), die Anbieter so günstig wie möglich verkaufen (Zielsetzung: Gewinnmaximierung).

Arbeitsaufträge und Fragen zur Stofferschließung

1. **Wie** entsteht aus einem **Bedürfnis** ein **Bedarf**?
2. **Welchem Zweck** dient die **Güterproduktion**?
3. **Wie** kommt **Nachfrage** zustande?
4. **Wie** entsteht das **Angebot** von Gütern?
5. **Was** bedeutet „**Markt**"?
6. **Welche gegensätzliche Interessenlage** verfolgen die Marktteilnehmer?
7. Welche **Hauptfunktionen** hat der **Markt** in Bezug auf **Angebot** und **Nachfrage**?
8. **Wie reagieren** die **Haushalte** auf das **Angebot von Gütern**?
9. **Wozu** verwenden die **Unternehmungen** die erzielten **Verkaufserlöse** vorwiegend?

1.4 Welche Arten von Märkten gibt es?

Ausgangs-situation

Beispiele für Marktarten:

Absatzmarkt	Geschlossene Märkte	Nationaler Markt
Arbeitsmarkt	Globaler Markt	Nichtorganisierte Märkte
Auslandsmärkte	Immobilienmarkt	Offene Märkte
Ausstellungen	Inlandsmarkt	Punktmärkte
Automarkt	Internetmarkt	Regionaler Markt
Baumarkt	Investitionsgütermarkt	Rohstoffmarkt
Beschaffungsmarkt	Jahrmarkt	Saisonmärkte
Devisenmarkt	Käufermarkt	Supranationaler Markt
Dezentralisierte Märkte	Kapitalmarkt	Textilmarkt
Effektenmarkt	Kommunaler Markt	Tiermarkt
Elementarmärkte	Konsumgütermärkte	Unvollkommene Märkte
Europäischer Markt	Märkte für Halberzeugnisse	Verkäufermarkt
Faktormärkte	Märkte für Sachgüter,	Versicherungsmarkt
Fertigwarenmärkte	Rechte und Dienstleistungen	Versteigerungen (Auktionen)
Finanzmärkte	Märkte für unverbundene	Vollkommene Märkte
Fischmarkt	Güter	Weihnachtsmarkt
Freie Märkte	Märkte für verbundene Güter	Weinmarkt
Gebundene (regulierte)	Marktaggregate	Weltmarkt
Märkte	Messen	Werkstoffmarkt
Geldmarkt	Mineralölmarkt	Zentralisierte Märkte

Frage: Kennen Sie noch weitere Marktarten?

Sachdarstellung

Wie aus obiger Sammlung von Marktbegriffen hervorgeht, gibt es sehr **viele unterschiedliche Arten von Märkten**. Die Zahl der Märkte ist sogar größer als die Zahl der Produkte, da selbst innerhalb eines eng abgegrenzten Marktes für ein bestimmtes Produkt (z. B. Fahrräder) in der Regel noch zahlreiche regionale oder sachliche Differenzierungen festgestellt werden können.

Um die diffuse **Vielfalt von unterschiedlichen Märkten** in den Griff zu bekommen, werden sie **nach bestimmten Kriterien** (z. B. räumliche, zeitliche, sachliche Gesichtspunkte) **unterteilt**.

Arbeitsvorlage

Lfd. Nr.	Beschreibung der einzelnen Marktarten	Einteilungskriterium	Bezeichnung der Märkte
1.	● Eine bestimmte **Stadt** als Markt, z. B. Mannheim als Einzugsgebiet für den örtlichen Einzelhandel		_____ **Märkte**
	● eine bestimmte **Region** als Markt, z. B. der Markt Baden-Württemberg	räumliche Gesichtspunkte	_____ **Märkte**
	● ein bestimmter **Staat** als Markt, z. B. der Markt Bundesrepublik Deutschland		_____ **Märkte**
	● eine bestimmte **Wirtschaftsunion** als Markt, z. B. der EU-Markt		_____ **Märkte**
	● die **ganze Erde** als Markt		_____ **Märkte**
2.	In diese Gruppe von Märkten gehören **Wochen-, Saison- und Jahrmärkte**. Im Gegensatz zu den Jahrmärkten können Wochenmärkte den **ständigen Märkten** zugerechnet werden. Ein typischer Saisonmarkt ist der Weihnachtsmarkt.	_____ _____ Gesichtspunkte	**Ständige und nicht ständige Märkte**
3.	● Angebot und Nachfrage kommen an einem bestimmten Ort (evtl. auch einem bestimmten Zeitpunkt) zusammen. Man nennt diese Märkte auch **Punktmärkte**. Beispiele hierfür sind Wochen- und Jahrmärkte, Großmärkte, Waren- und Wertpapierbörsen, Versteigerungen (Auktionen). In der Regel sind solche Märkte zugleich **organisierte Märkte**, für die eine bestimmte Marktordnung gilt; sie enthält u. a. die Bedingungen für den Marktzutritt und regelt den Beginn und das Ende der Marktveranstaltungen.	räumlich-zeitliche Gesichtspunkte	_____ **Märkte**
	● Es sind Märkte, auf denen das Angebot und die Nachfrage nicht am gleichen Ort und nicht zur gleichen Zeit aufeinander treffen. Angebot und Nachfrage werden z. B. telefonisch, brieflich oder per Fax übermittelt. Solche Märkte sind typisch für die wirtschaftliche Wirklichkeit. Beispiele: Fahrzeug-, Maschinen-, Bauwaren-, Textilwaren-, Getränkemarkt.		_____ **Märkte**
4.	● Märkte für ungelernte, angelernte und für qualifizierte Arbeitskräfte		_____ **märkte**
	● Märkte für Agrar- für Industrieerzeugnisse; Rohstoff-, Halberzeugnisse- und Fertigwarenmärkte	sachliche Gesichtspunkte	_____ **märkte**
	● Märkte für Wertpapiere, für Geld und Devisen		_____ **märkte**
	● Märkte für Produktionsfaktoren (Arbeitskräfte, Betriebsmittel, Werkstoffe). Es kann sich um Märkte für Sachgüter, Rechte und Dienstleistungen handeln.		_____ **märkte**
5.	● Märkte mit **unbeschränkter Zugangsmöglichkeit**, z. B. Märkte für fast alle Industrieprodukte in der Bundesrepublik Deutschland (Videogeräte, Kameras, Nahrungsmittel usw.)	Zugangsmöglichkeiten zum Markt	_____ **Märkte**
	● Märkte, bei denen der **Zugang** von einer Seite oder von beiden Seiten (Angebot und Nachfrage) in irgendeiner Form **beschränkt** ist. Es können hierbei unterschieden werden:		

		_____ **Märkte**
a) *rechtliche Zulassungsbeschränkungen,* z. B. Gewerbeausweis, Konzessionserteilung, Befähigungsnachweis als Voraussetzung für die Zulassung (Taxiunternehmen, Apotheken, Omnibusunternehmen; Meisterprüfung als Voraussetzung für die Eröffnung eines Handwerksbetriebs); b) *technische Zulassungsbeschränkungen,* z. B. Patent- oder Lizenzerteilung als Voraussetzung für die Marktteilnahme; c) *finanzielle Zulassungsbeschränkungen,* z. B. großer Kapitalbedarf bei Automobilfabriken, Erdölgesellschaften.		
6. ● Güter, die zur Herstellung anderer Güter verwendet werden, so z. B. die Produktionsfaktoren Arbeit, Boden und Kapital und die Produktionsmittel (Betriebs- und Geschäftsausstattung, Maschinen, Fuhrpark u. a.), bezeichnet man als **Produktions- oder Investitionsgüter**. Märkte, auf denen diese Güter gehandelt werden, heißen dementsprechend ...	Verwendungszweck der Güter	_____ - _____ - oder _____ - _____ - **märkte**
● Auf diesen Märkten werden Güter gehandelt, die zu **Konsumzwecken** dienen, z. B. Lebensmittel, Haushaltsartikel, Möbel. Als Anbieter fungieren Unternehmungen, als Nachfrager treten Haushalte auf.		_____ - _____ - **märkte**
7. ● Markt, auf dem **die zur Gütererzeugung benötigten Produkte beschafft** werden können und der sich in Arbeits-, Betriebsmittel- und Werkstoffmarkt aufteilt.	die betrieblichen Funktionen (funktionelle Gesichtspunkte)	_____ - **märkte**
● Markt, auf dem die selbst erstellten oder eingekauften Güter (Konsum- oder Investitionsgüter) **verkauft** werden.		_____ - **märkte**
● Markt, auf dem die zur Güterproduktion benötigten **Geldmittel beschafft** werden können und der sich in den Geldmarkt (Markt für kurzfristige Kredite) und in den Kapitalmarkt (Markt für langfristige Kredite) aufteilt.		_____ - **märkte**
8. ● Märkte, die nur für ein **einziges, genau definiertes (homogenes) Produkt** eingerichtet sind, z. B. die Getreidebörse, der Baumwoll-, Kupfer-, Goldmarkt.	die Zahl der gehandelten Güter	_____ - **märkte**
● Märkte, auf denen viele **unterschiedliche (heterogene) Güter** gehandelt werden, z. B. Obst- und Gemüsemärkte, Jahrmärkte, Möbelmarkt.		_____ -
9. ● Die **Verkäufer** haben gegenüber den Käufern die bessere Marktposition; ihnen wird die Ware gewissermaßen aus den Händen gerissen. Es kann gar nicht so schnell produziert werden, wie verkauft werden könnte. Typisch waren solche Märkte für die unmittelbare Nachkriegszeit, als noch großer Nachholbedarf an vielen Gütern vorhanden war.	die Stellung (Position) der Marktteilnehmer	_____ - **märkte**
● Die **Anbieter** müssen, um ihre Ware absetzen zu können, die Käufer umwerben. Der Kunde ist auf einem solchen Markt „König". Er hat eine große Auswahl zwischen verschiedenen Angeboten. Auf Seiten der Anbieter herrscht starke Konkurrenz. Weitere Kennzeichen: Sättigung des Marktes, unzureichende Kapazitätsauslastung bei den Unternehmen, überhöhte Lagerbestände, Beschäftigungsprobleme, starker Absatzdruck.		_____ - **märkte**

Arbeitsauftrag

Ergänzen Sie die oben stehende **Arbeitsvorlage**. In Betracht kommen folgende **Marktarten** (in alphabetischer Reihenfolge). Absatz-, Arbeits-, Beschaffungs-, dezentralisierte, Elementar-, Faktor-, Finanz-, geschlossene, globale, Kapital-, Käufer-, Konsumgütermärkte, Marktaggregate, nationale, offene, örtliche oder kommunale, Produktionsgüter- oder Investitionsgütermärkte, regionale, supranationale, Verkäufer-, Warenmärkte, zentralisierte Märkte.

1.5 Welche Marktformen lassen sich unterscheiden?

Ausgangs-situation

Praktische Beispiele: Märkte und Marktteilnehmer

(1) **Wochenmarkt: Obst- und Gemüsehändler als Anbieter – Hausfrauen als Nachfrager**

(2) **Flugzeugmarkt: Hersteller von Verkehrsflugzeugen (in Europa und USA) als Anbieter – Luftfahrtgesellschaften als Auftraggeber**

(3) **Markt für Sonderanfertigungen: Hersteller eines Maschineneinzelteils (Sonderanfertigung) – Maschinenfabrik als Auftraggeber**

(4) **Benzinmarkt: Mineralölgesellschaften (Esso, BP, Shell, DEA) als Anbieter – Autofahrer als Nachfrager von Mineralölprodukten**

(5) **Obstmarkt: Obsterzeuger eines bestimmten Gebiets (z. B. für Zwetschgen, Kirschen) – Obstverwertungsbetriebe (Brennereien, Mostereien)**

(6) **Gastronomie: Berghütte auf 2500 m Höhe – Gebirgswanderer als Nachfrager von Gastronomieleistungen**

(7) **Baumarkt: Bauunternehmer, die Kasernen bauen können – Staat als Auftraggeber**

(8) **Markt für medizinische Spezialgeräte: Hersteller von medizinischen Spezialgeräten – Krankenhäuser als Nachfrager**

(9) **Markt für Militärbekleidung: Hersteller von Militärbekleidung – Staat als Auftraggeber**

Sachdarstellung

Das Marktformenschema

Geht man von der **Zahl der Marktteilnehmer aus**, so kann man auf beiden Marktseiten pauschal **drei Gruppen von Marktteilnehmern** unterscheiden: **einer – wenige – viele**. Durch **Kombination** von jeweils drei Gruppen von Anbietern und Nachfragern erhält man **insgesamt neun Marktformen**.

Lfd. Nr.	Zahl der Anbieter	Zahl der Nachfrager	Marktform
1	viele	viele	vollständige Konkurrenz (Polypol, atomistische Konkurrenz)
2	wenige	wenige	zweiseitiges Oligopol
3	einer	einer	zweiseitiges Monopol
4	wenige	viele	Angebotsoligopol
5	viele	wenige	Nachfrageoligopol
6	einer	viele	Angebotsmonopol
7	viele	einer	Nachfragemonopol
8	einer	wenige	beschränktes Angebotsmonopol
9	wenige	einer	beschränktes Nachfragemonopol

© Winklers 365410

 **Arbeitsvorlage**

Welche Marktformen gibt es?

Anbieter → / Nachfrager ↓		VIELE	WENIGE	EINER
VIELE	Beispiele			
	Marktform	❶	❹	❻
WENIGE	Beispiele			
	Marktform	❺	❷	❽
EINER	Beispiele			
	Marktform	❼	❾	❸

Arbeitsvorlage 2: Erkenntnisse aus dem Marktformenschema

① **Wie ist das Verhältnis zwischen der Zahl der Marktteilnehmer und der entsprechenden Marktmacht?**

Je geringer die Zahl der Marktteilnehmer ist, desto _____ ist die Marktmacht der einzelnen Marktteilnehmer.

Die **größte Marktmacht** besteht in der Marktform des _____; über **keinerlei Marktmacht** verfügen die Anbieter und Nachfrager in der Marktform des _____.

② **Wie ist das Verhältnis zwischen der Zahl der Marktteilnehmer und der Möglichkeit zur Preisbeeinflussung?**

Je geringer die Zahl der Marktteilnehmer ist, desto _____ ist die Möglichkeit zur Preisbeeinflussung auf dem Markt und umgekehrt.

③ **Wie ist das Verhältnis zwischen der Zahl der Marktteilnehmer und der Stärke (Intensität) des auf dem Markt herrschenden Wettbewerbs?**

Je geringer die Zahl der Marktteilnehmer ist, desto _____ ist der auf diesem Markt herrschende Wettbewerb.

Keinerlei Wettbewerb gibt es bei der Marktform des zweiseitigen _____; vollständigen Wettbewerb hingegen gibt es bei der Marktform des _____.

④ **Zusammenfassung: Je geringer** die Zahl der Marktteilnehmer ist, desto

– größer ist deren _____

– größer ist deren _____

– geringer ist der _____ und umgekehrt.

Da durch den Wettbewerb auf der Anbieterseite die Verbraucherpreise gesenkt werden, sollte auf möglichst vielen Märkten die Marktform des _____ verwirklicht werden.

Die tatsächliche Entwicklung der Marktformen geht jedoch in Richtung zum _____ Man bezeichnet diesen Vorgang als Unternehmens _____.

Arbeitsaufträge

1. Tragen Sie in das **Marktformenschema** [→ Arbeitsvorlage 1] die in der Sachdarstellung angeführten **neun Marktformen** ein, und zwar in der angegebenen Reihenfolge (1–9).

2. Ordnen Sie danach **den einzelnen Marktformen** die in der **Ausgangssituation** angeführten **praktischen Beispiele zu.**

3. Setzen Sie in den Text **der Arbeitsvorlage 2** die **Lösungswörter** ein.

Aufgaben zur Lernzielkontrolle und Sicherung des Lernerfolgs

Aufgaben mit Auswahlantworten (Stets 1 aus 5!)

[1] Welche der folgenden **Zuordnungen** von Marktteilnehmerzahl und entsprechender Marktform ist **falsch**?

(a) Viele Anbieter – wenige Nachfrager → Nachfrageoligopol;

(b) ein Anbieter – viele Nachfrager → Angebotsmonopol;

(c) wenige Anbieter – viele Nachfrager → vollständige Konkurrenz;

(d) ein Anbieter – wenige Nachfrager → beschränktes Angebotsmonopol;

(e) wenige Anbieter – ein Nachfrager → beschränkte Nachfragemonopol.

[2] Bei welcher der folgenden **monopolistischen Marktformen** sind **nur wenige Nachfrager** vorhanden?

(a) Angebotsmonopol

(b) Zweiseitiges Monopol

(c) Beschränktes Angebotsmonopol

(d) Nachfragemonopol

(e) Beschränktes Nachfragemonopol

[3] Worüber macht das **Marktformenschema keine Aussage?**

(a) Über die Machtverhältnisse auf dem jeweiligen Markt.

(b) Über die Möglichkeiten der Marktteilnehmer, den Preis und andere Wettbewerbsbedingungen aktiv beeinflussen zu können.

(c) Über das Vorhandensein oder Fehlen von Wettbewerb (Konkurrenz) auf dem Markt.

(d) Über das tatsächliche Marktverhalten der Marktteilnehmer.

(e) Über die relative Anzahl der Marktteilnehmer auf dem jeweiligen Markt.

[4] Welche der folgenden **Aussagen** zur **Marktform der vollständigen Konkurrenz** ist **falsch?**

(a) Die Marktteilnehmer auf beiden Marktseiten sind vollkommen machtlos.

(b) Der Preis ist eine gegebene Größe, d. h. ein Datum.

(c) Die Marktteilnehmer haben lediglich die Möglichkeit, die Angebots- oder Nachfrage**menge** zu ändern, also Mengenanpassung zu machen.

(d) Der Gewinn der Anbieter besteht aus der Differenz zwischen dem vorgegebenen Marktpreis und den jeweiligen Selbstkosten.

(e) Die vollständige Konkurrenz ist die typische Marktform in der wirtschaftlichen Wirklichkeit.

[5] Welche der folgenden **Zuordnungen von praktischem Beispiel und Marktform** ist **falsch?**

Praktisches Beispiel	Marktform
(a) Mineralölgesellschaften in der Bundesrepublik Deutschland in Bezug auf ihre Stellung im Benzinmarkt	Angebotsoligopol
(b) Herstellung eines nur in Krankenhäusern verwendbaren medizinischen Spezialgeräts	Beschränktes Angebotsmonopol
(c) Obstverwertungsbetriebe im Verhältnis zu den Obsterzeugern	Nachfrageoligopol
(d) Luftfahrtgesellschaften im Verhältnis zu den Flugzeugherstellern	Beschränktes Nachfragemonopol
(e) Einsame Berghütte im Hochgebirge im Verhältnis zu den Gebirgswanderern	Angebotsmonopol

[6] Welche der folgenden **Aussagen** zum neungliedrigen Marktformenschema ist **falsch?** Es enthält insgesamt ...

(a) drei Oligopolformen;

(b) drei Marktformen mit gleich großer Marktteilnehmerzahl auf beiden Marktseiten;

(c) fünf Monopolformen;

(d) nur eine Form des Wettbewerbs (der Konkurrenz);

(e) fünf Marktformen mit nicht gleich großer Teilnehmerzahl auf beiden Marktseiten.

Zusammenfassung wichtiger Lerninhalte

- *Unter dem Begriff „Markt" versteht man das Zusammentreffen von Angebot und Nachfrage.*

- *Es gibt verschiedene Arten von Märkten, z. B. zentralisierte und dezentralisierte Märkte, offene und geschlossene Märkte, Käufer- und Verkäufermärkte.*

- *Als virtueller Marktplatz gewinnt das Internet zunehmend an Bedeutung (E-Commerce, E- oder digitales Business, Online-Shopping).*

- *Die Bildung von Marktformen erfolgt durch Einteilung der Marktteilnehmer auf beiden Marktseiten in drei Gruppen: einer – wenige – viele. Es lassen sich so insgesamt neun Marktformen unterscheiden.*

Marktformen kennzeichnen die Struktur eines Marktes.

2.1   Wie verhalten sich die Anbieter auf dem Markt?

Ausgangs-situation

Drei Anbieter von Klein-Kopiergeräten beliefern einen Markt mit ihren Produkten. Es handelt sich um Kopierapparate fast gleicher Qualität (sämtliche Geräte erhielten bei einem Warentest die Note „gut").

Bei der Planung der Produktionsmengen orientieren sich die Herstellerfirmen ausschließlich an dem voraussichtlich erzielbaren Absatzpreis. Bei alternativen Absatzpreisen – so wurde durch Marktforschung festgestellt – bieten die drei Produzenten Kopiergeräte in folgenden Größenordnungen (Mengen) an:

Anbieter Absatzpreis Euro	A Stück	B Stück	C Stück
P 1: 600,00	1000	800	1200
P 2: 750,00	1300	950	1600
P 3: 900,00	1600	1100	2000
P 4: 1.050,00	1900	1250	2400
P 5: 1.200,00	2200	1400	2800
P 6: 1.350,00	2500	1550	3200
P 7: 1.500,00	2800	1700	3600

 Arbeitsvorlage siehe folgende Seite.

Arbeitsaufträge und Fragen zur Stofferschließung

1. **Ermitteln Sie** die bei alternativen Absatzpreisen (P1 bis P7) auf dem Markt angebotenen **Gesamtmengen an Kopiergeräten.** [→ Wertetafel der **Arbeitsvorlage**]

2. **Zeichnen Sie** in das Koordinatensystem der nachfolgenden **Arbeitsvorlage** die **Abhängigkeit der Gesamtangebotsmenge vom Preis** ein.

3. **Beantworten Sie** danach – in Einzel- oder Gruppenarbeit oder im Unterrichtsgespräch mit Ihrem Lehrer – folgende **Erschließungsfragen:**

   a) **Zu welchen Preisen** würden die Anbieter **am liebsten** ihre **Produkte** auf dem Markt **verkaufen, welche Zielsetzung** verfolgen sie also?

   b) **Welcher Beziehungszusammenhang** besteht zwischen **erzielbarem Verkaufspreis** und **angebotener Gesamtmenge?**

   c) **In welchem Verhältnis** (gerades/ungerades Verhältnis) steht die **angebotene Menge** zum **erzielbaren Verkaufspreis?**

   d) **Von wo nach wohin** verläuft die **Angebotskurve?**

   e) **Wie** lässt sich dieser typische Verlauf der Angebotskurve vom **wirtschaftlichen Standpunkt her begründen?**

   f) **Wie** entsteht die **Gesamtangebotskurve** für ein bestimmtes Gut (= Marktangebotskurve)?